シールでへんしん！
マジカル☆オシャレドリル

JN029686

キラピチ星へ ようこそ！

わたしは キララ、よろしくね。
ここ キラピチ星の みんなは、
オシャレに なれる まほうが つかえるの！

でも、そのまほうを じょうずに つかう ためには、
「オシャレまほう学校」で たくさんの ポイントを
あつめなければ いけなくて・・・

まいにち がんばって いるけれど、
今日は うっかり ねぼうしちゃった！
たんにんの レモン先生に おこられちゃうよ〜！

みんな！この ドリルで わたしの オシャレを てつだって！

▶ とうじょうじんぶつ

キララ

キラピチ星に すむ
おとなしくて まじめな 女の子。
せいそな ふくが すき。

みーさん

キララの あいぼう。
すきな たべものは
マシュマロ。

ピーチ

キララの ともだち。
あかるくて げんき。
かわいい ふくが すき。

レモン先生

ピーチと キララの
たんにんの 先生。
おこると こわい。

☆ も く じ ☆

STAGE 1

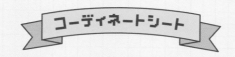

▶ ハッピーきぶんで、まちへ おでかけ！

げんき☆カジュアルステージ

今日の 1じかん目は、カジュアルな ファッションが テーマだよ。まちへ おでかけする ときの ふくを イメージしてね。ねぼうしたから かみのけは ボサボサだけど、かわいく へんしん できるかな？

CASUAL STAGE

⭐ ラッキーカラー ◯ ◯

⭐ ポイントアイテム

トップス

スターボーダーミニT
むねの ところに あいた ほしが ポイントだよ。

ボトムス

あねっぽフリルデニム
ポケットや すその フリルが かわいい♡

シューズ

こあくまあつぞこスニーカー
むらさきの ひもが アクセントの あつぞこシューズ。

バッグ

ブラックシックショルダー
どんな ファッションにも あわせやすい バッグだよ。

アクセサリー

ターコイズ☆カチューシャ
あざやかな ターコイズカラーが アクセント♪

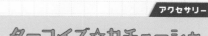

あかるい カラーで まとめましょう！

▲ えに シールを はって、コーディネートを かんせいさせよう！

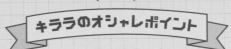
キララのオシャレポイント

450ポイント!

レモン先生(せんせい)

ぜんたいてきに、ポップに まとまって いて かわいいわ。デニムと Ｔシャツの くみあわせは、カジュアルコーデの ていばん。ほしの かたちに あいた Ｔシャツも かわいいわね。

キララ

よかったです。ありがとうございます！

ピーチ

キララ、おつかれさま！ つぎは、ガーリーファッションが テーマみたい。かわいさ ぜんかいで いこー！

キララ

うん！ がんばろうね！

つぎのステージへつづく ▶▶

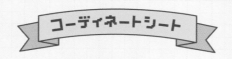
コーディネートシート

▶ **キュートな アイテムが いっぱい！**

きゅんかわ♡ガーリーステージ

2じかん目は、ガーリーな ファッションが テーマだよ。ともだちと おいしい スイーツを たべに いく ときの コーディネートが いいかも。女の子らしい アイテムを そろえて キュートに きめてね！

GIRLY STAGE

ラッキーカラー ◯◯

ポイントアイテム

トップス
あざとリボンワンピ
大きな リボンが ついた ガーリーな ワンピースだよ。

シューズ
ホワイトバックルブーツ
白い バックルが ワンポイントの ロングブーツだよ。

バッグ
ピンクマカロンポシェット
ふわふわの きじと まるい かたちが かわいい♡

アクセサリー
リボン×2 ベレー
リボンが 二つ ついた ネイビーの ベレーぼうだよ。

ヘア
ちびリボンおさげ
三つあみに 小さな リボンが ついて いるよ☆

おもいっきり かわいく しましょう！

▲ えに シールを はって、コーディネートを かんせいさせよう！

キララのオシャレポイント

540 ポイント!

レモン先生

大きな リボンが ついた ワンピースが、とっても かわいいわ。アイテムカラーの 白も じょうずに とりいれて いて、せいそな いんしょうも あるわね。バッグや ぼうしも ガーリーで ステキよ。

ピーチ

モコモコの バッグ、かわいいね！ こんど わたしにも かして ほしいな♡

キララ

うん！ いつでも かすよ♪

レモン先生

さあさあ。おしゃべりは その へんに してね。つぎは シーサイドステージだから、うみの ちかくまで でかけるわよ！

キララ

うれしい♡ おでかけですね！

つぎのステージへつづく ▶▶

STAGE 3

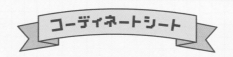

コーディネートシート

▶ きぶんは アイドル★ キラキラの うみべで ダンス！

さわやかシーサイドステージ

3じかん目は、うたって おどる アイドルファッションが テーマだよ。こんかいは、うみべの ステージだから、さわやかな コーデが いいかも☆ アイドルらしい はなやかさも わすれずにね！

SEASIDE STAGE

15

16

17

ラッキーカラー ○○

ポイントアイテム

トップス

さわやかオフショルフリル
かたを だした さわやかな トップスだよ。

ボトムス

グラデマーメイドパレオ
足もとが すこし ひらいた すずしげな スカート☆

シューズ

あみあげオープントゥ
サンダルらしさも ある あみあげショートブーツだよ。

アクセサリー

ホワイトラメカチューシャ
ラメが キラキラ かがやく カチューシャ♡

ヘア

すっきりハイポニー
たかい いちで ゆるく むすんだ ポニーテールだよ。

どんな コーデが いいでしょうか？

▲ えに シールを はって、コーディネートを かんせいさせよう！

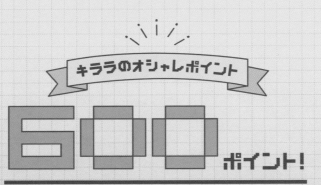

キララのオシャレポイント

600ポイント！

 レモン先生

オフショルの　トップスや　すずしげな　ス
カートが、シーサイドと　いう　テーマに
ぴったりね。ラメや　グラデーションも　と
りいれて　いて、はなやかな　いんしょうも
出て　いるわ。ポニーテールも　なつらしく
て　すてきよ。

キララ

ありがとうございます。なれない
テーマだったけど、なんとか　なっ
たかな？

 みーさん

とっても　すてきです！　キララなら、いち
ばんの　アイドルに　なれます！

キララ

みーさん、ありがとう♡

つぎのステージへつづく　▶▶

STAGE 4

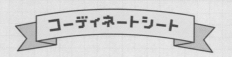

コーディネートシート

▶ シンプルな カラーで かっこよく きめて★

イケメン♪クールステージ

4じかん目は、クールな ファッションが テーマだよ。白、くろ、むらさきなどの アイテムを つかうのが、クールコーデの てっそく☆ おとなしめの カラーで まとめて、シンプルに かっこよく きめてね！

ラッキーカラー ● ●

ポイントアイテム

COOL STAGE

23
22
20

トップス
へそだしストリート
ミニタンクトップに 大きめの シャツを プラス☆

ボトムス
パープルストライプカーゴ
二つの ポケットが ついた ストライプがらの パンツ。

シューズ
ばんのう☆オシャスポサン
どんな コーデにも あう カジュアルな サンダル。

アクセサリー
きらりんクールキャップ
キララの イニシャル「K」が 入った ぼうし。

ヘア
サラストロングヘア
まっすぐに おろした シンプルな かみがただよ☆

かっこいい コーデ、たのしみです！

▲ えに シールを はって、コーディネートを かんせいさせよう！

キララのオシャレポイント

650 ポイント!

 レモン先生

クールファッションの きほんカラー、白・くろ・むらさきを じょうずに つかえているわね。ぜんたいてきに かっこよく まとまって いて、いい かんじよ。こもののカラーを くろで とういつして いるのも すばらしいわ!

 ピーチ

キララ、すごく かっこいいよ! クールコーデの おてほんだね☆

 みーさん

キララ、つぎの ステージは ぶとうかいだそうです! いそいで きがえましょう!

キララ

ステキ! ゆめみたいね。どんなドレスに しようか、まよっちゃう!

つぎのステージへつづく ▶▶

STAGE 5

▶ ゴージャスな ドレスで、いっしょに おどろ♪

キラキラプリンセスステージ

5じかん目は、ぶとうかい♪ キラキラ かがやく ドレスファッションが テーマだよ。
ドレスだけで なく、アクセサリーや シューズなどの こものにも こだわってね！

PRINCESS STAGE

★ ラッキーカラー ◯ ◯

★ ポイントアイテム

ドレス

ブルーシンフォニードレス
水いろの グラデーションが きれいな ドレスだよ♡

シューズ

レースアップヒール
白い レースが ドレスとの あいしょう ばつぐん♪

アクセサリー

ティアドロップネックレス
しずくがたの ジュエリーが ついた ネックレスだよ。

ヘア

ゆるまきサイドダウン
ゆるく まいて おろした、おしとやかな ヘアスタイル。

アクセサリーも
ポイントですね！

▲ えに シールを はって、コーディネートを かんせいさせよう！

COLOR LEVEL :
★★★★

ITEM LEVEL :
★★★★★

KAWAII LEVEL :
★★★★★★

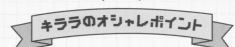

キララのオシャレポイント

760 ポイント！

レモン先生

おとなっぽい　ドレスを　えらんだわね！
さわやかな　水いろの　グラデーションや
レースの　あしらいが　とっても　すてき
よ。アクセサリーも　エレガントで、ドレス
に　あって　いるわ。

ピーチ

キララ、ここまで　おつかれさま！キララの
オシャレポイントは、ぜんぶで　3000ポイ
ントだって☆

キララ

わあ、たくさん！みーさん、がん
ばった　かいが　あったね。

みーさん

はい！これからも　りっぱな　オシャレマス
ターを　めざしましょう♡

5までの　かず

月　日

こたえ 73 ページ

1 ☆の　かずを　すう字で　かきましょう。

①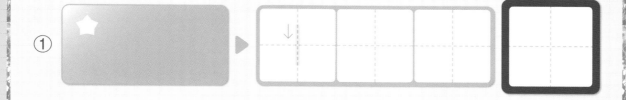

②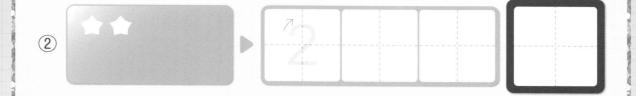

③

④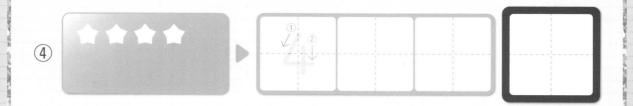

⑤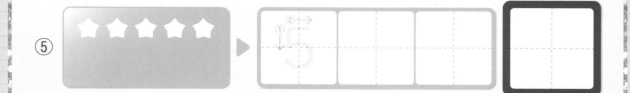

2 おなじ かずを ―――で つなぎましょう。

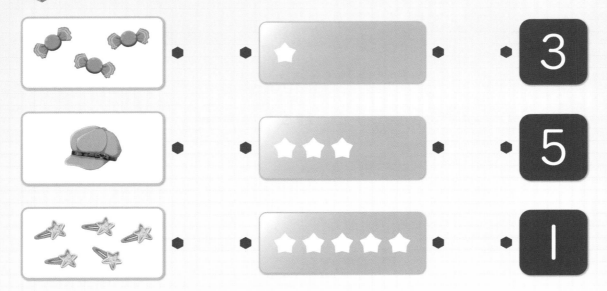

3 かずを すう字で かきましょう。

①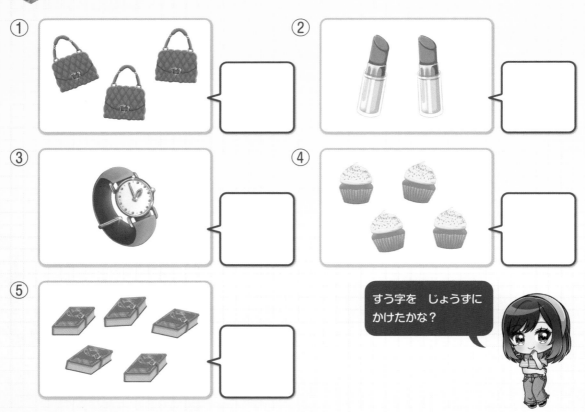

②

③

④

⑤

すう字を じょうずに
かけたかな?

こたえあわせを したら
⭐の シールを はろう!

10までの かず

月　日
こたえ 73 ページ

1 ☆の かずを すう字で かきましょう。

①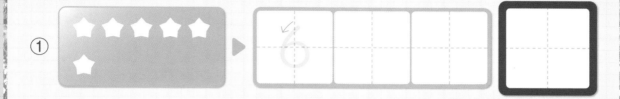

②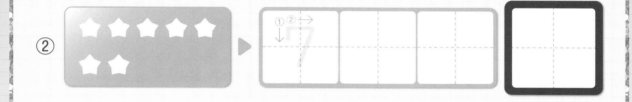

③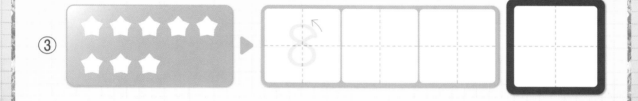

④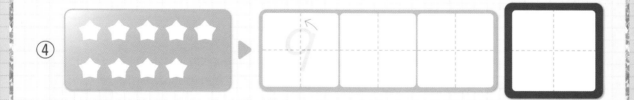

⑤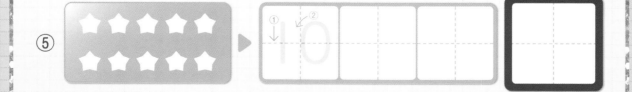

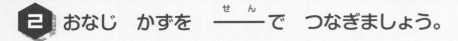

② おなじ かずを ──── で つなぎましょう。

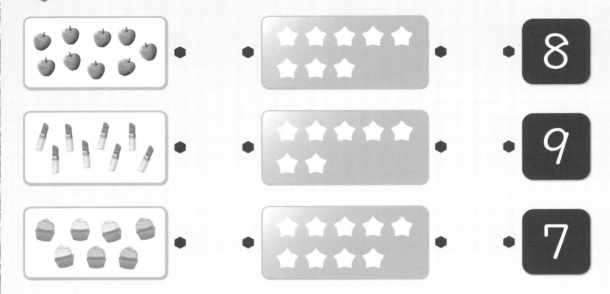

③ かずを すう字で かきましょう。

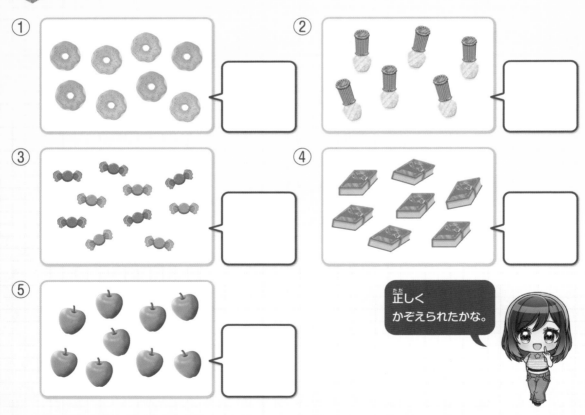

① ②

③ ④

⑤

正しく
かぞえられたかな。

おしゃれの
まめちしき

Tシャツとは，えりがなく，アルファベットの Tの
かたちを した シャツの ことだよ。

こたえあわせを したら
②の シールを はろう！

10までの　かずの　れんしゅう

1 ☆の　かずと　おなじ　かずの　ヘアピンに　〇を　かきましょう。

あ（　　）　　　い（　　）　　　う（　　）

2 かずを　すう字で　かきましょう。

①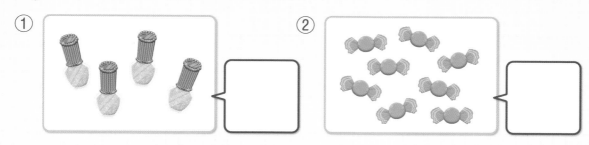

②

③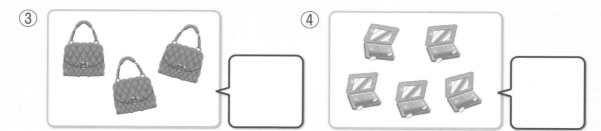

④

⑤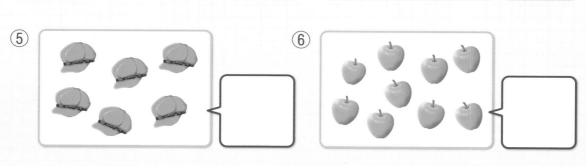

⑥

17

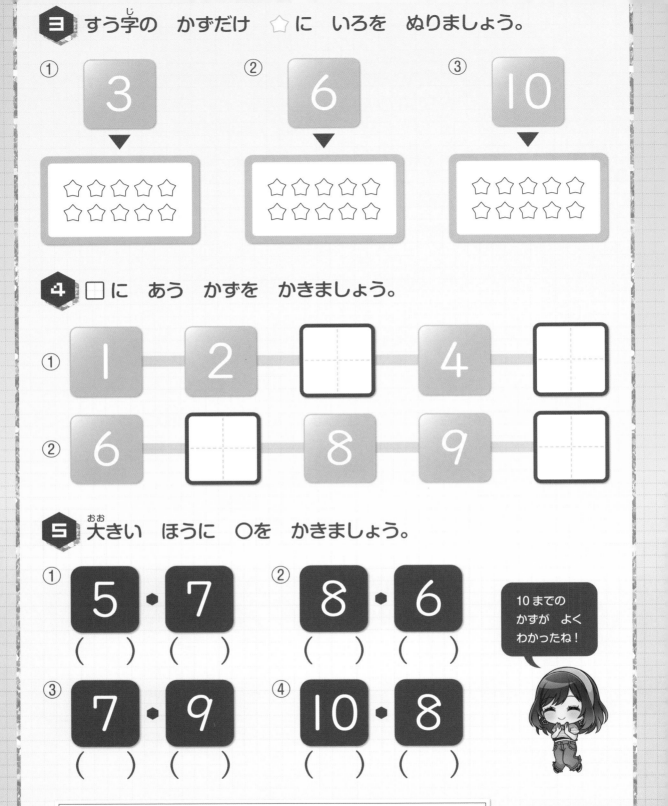

三 すう字の かずだけ ☆ に いろを ぬりましょう。

① 3
▼
☆☆☆☆☆
☆☆☆☆☆

② 6
▼
☆☆☆☆☆
☆☆☆☆☆

③ 10
▼
☆☆☆☆☆
☆☆☆☆☆

四 □ に あう かずを かきましょう。

① 1　2　□　4　□

② 6　□　8　9　□

五 大きい ほうに ○を かきましょう。

① 5 ・ 7
（　）（　）

② 8 ・ 6
（　）（　）

③ 7 ・ 9
（　）（　）

④ 10 ・ 8
（　）（　）

10までの かずが よく わかったね！

おしゃれの まめちしき　ジーンズとは, デニムきじで できた パンツの こと。カジュアルコーデの ひっすアイテム！

こたえあわせを したら 三の シールを はろう！

いくつと いくつ①

月　日

こたえ 73 ページ

1 5, 6, 7は いくつと いくつですか。
□に あう かずを かきましょう。

①

1と □

2と □

3と □

4と □

②

1と □

2と □

3と □

4と □

5と □

③ 7

1と □

2と □

3と □

4と □

5と □

6と □

★を わけて
かんがえて みよう。

19

2 あわせて 7に なるように，上と 下の
カードを ―――で つなぎましょう。

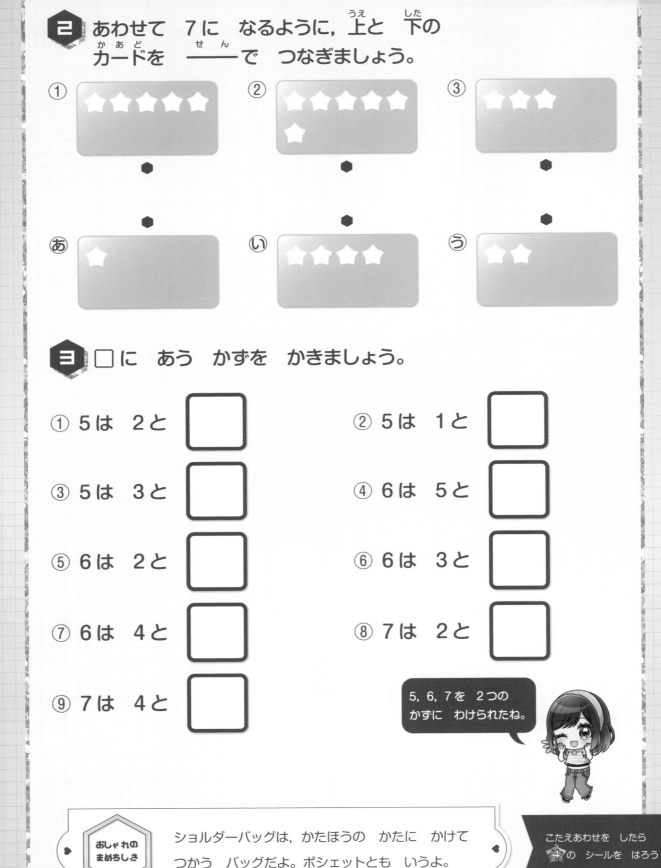

① ★★★★★

② ★★★★★ ★

③ ★★★

●　　　　　　　●　　　　　　　●

●　　　　　　　●　　　　　　　●

あ ★

い ★★★

う ★★

3 □に あう かずを かきましょう。

① 5は 2と □

② 5は 1と □

③ 5は 3と □

④ 6は 5と □

⑤ 6は 2と □

⑥ 6は 3と □

⑦ 6は 4と □

⑧ 7は 2と □

⑨ 7は 4と □

5，6，7を 2つの
かずに わけられたね。

おしゃれの
まめちしき
ショルダーバッグは，かたほうの かたに かけて
つかう バッグだよ。ポシェットとも いうよ。

こたえあわせを したら
★の シールを はろう！

20

いくつと いくつ②

1 8, 9は いくつと いくつですか。
　　□に あう かずを かきましょう。

① **8**

1と ☐　　2と ☐

3と ☐　　4と ☐

5と ☐　　6と ☐

7と ☐

② **9**

1と ☐　　2と ☐

3と ☐　　4と ☐

5と ☐　　6と ☐

7と ☐　　8と ☐

 ★を わけて
かんがえて みよう。

2 あわせて 8に なるように, □に かずを かきましょう。

① ★★★★★ □   ② ★★ □

3 あと いくつで 9に なりますか。
□に かずを かきましょう。

① 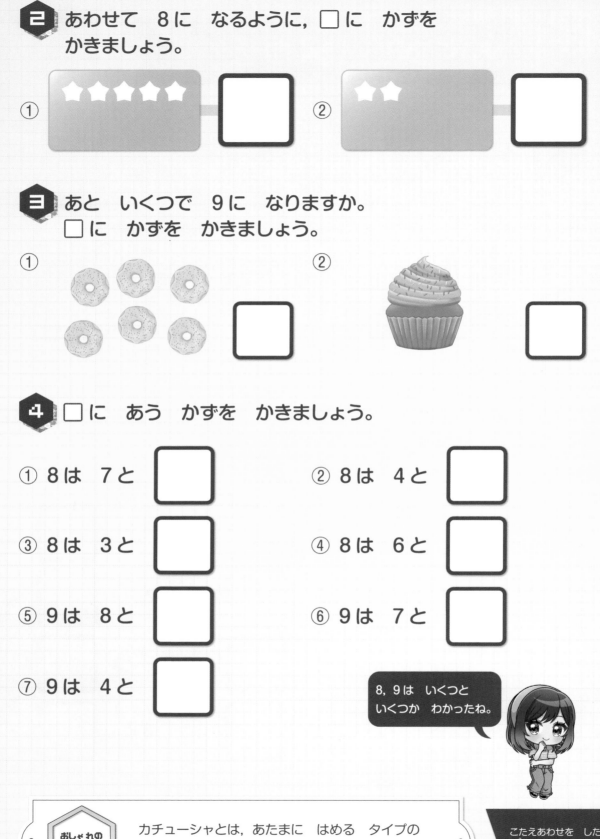 □   ② □

4 □に あう かずを かきましょう。

① 8は 7と □   ② 8は 4と □

③ 8は 3と □   ④ 8は 6と □

⑤ 9は 8と □   ⑥ 9は 7と □

⑦ 9は 4と □

8, 9は いくつと
いくつか わかったね。

いくつと　いくつ③

月　日

こたえ 74 ページ

1 10は　いくつと　いくつですか。
□に　あう　かずを　かきましょう。

10

★★★★★
★★★★★

9つの
わけかたが
あるね。

1と □　　　2と □

3と □　　　4と □

5と □　　　6と □

7と □　　　8と □

9と □

2 あわせて　10に　なるように，□に　かずを
かきましょう。

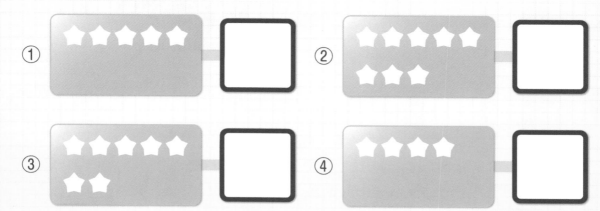

① ★★★★★ □

② ★★★★ ★★★ □

③ ★★★★ ★★ □

④ ★★★ □

三 10は いくつと いくつですか。
□に あう かずを かきましょう。

① 2と ☐ ② 9と ☐ ③ 5と ☐

④ 6と ☐ ⑤ 3と ☐ ⑥ 8と ☐

⑦ 1と ☐ ⑧ 7と ☐ ⑨ 4と ☐

4 ☆が 10こ あります。かくれて いる かずを
□に かきましょう。

① ☆ ☆ ☆ ☆ ☆ ☆ ☆ ☆ ☆　☐

② ☆ ☆ ☆ ☆ ☆ ☆　☐

③ ☆ ☆ ☆　☐

> 10を 2つの かずに
> わけられましたね♪

こたえあわせを したら ☆の シールを はろう！

24

たしざんの しき

月　日

こたえ **74** ページ

1 あわせて　いくつですか。たしざんの　しきに
かきましょう。

①

（しき）

2と　1を　あわせると　3

②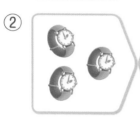

（しき）

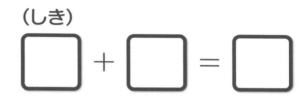

2 ぜんぶで　いくつに　なりますか。たしざんの　しきに
かきましょう。

① 　1さつ
ふえると

（しき）

5 + 1 =

5に　1を　たすと　6

② 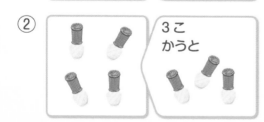　3こ
かうと

（しき）

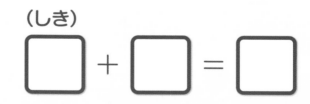

「あわせて　いくつ」も
「ふえると　いくつ」も
たしざんの　しきに　なるね。

目 あわせて いくつですか。しきに かきましょう。

① （しき）

②　（しき）

③　（しき）

4 ぜんぶで いくつに なりますか。しきに かきましょう。

① 4本 ふえると （しき）

② 6こ かうと （しき）

③ 4こ もらうと （しき）

おしゃれの まめちしき　ガーリーとは，フリルや リボンなどの かわいらしい かざりが おおい スタイルの ことだよ。

こたえあわせを したら の シールを はろう！

たしざん①

1 たしざんを　しましょう。

① 3 ＋ 2 ＝ ☐

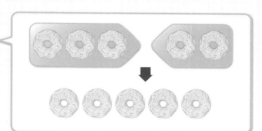

② 1 ＋ 1 ＝ ☐

③ 1 ＋ 5 ＝ ☐

④ 3 ＋ 1 ＝ ☐

⑤ 1 ＋ 4 ＝ ☐

⑥ 5 ＋ 2 ＝ ☐

⑦ 2 ＋ 1 ＝ ☐

⑧ 4 ＋ 5 ＝ ☐

☆の　えを　見て
かんがえて！

⑨ 5 ＋ 3 ＝ ☐

２ たしざんを しましょう。

=も
わすれずに
かいてね。

① １ ＋ ２

② ３ ＋ ３

③ ４ ＋ ２　　　　④ ４ ＋ ３

⑤ ３ ＋ ５　　　　⑥ １ ＋ ７

⑦ ３ ＋ ４　　　　⑧ ５ ＋ ４

⑨ ２ ＋ ５　　　　⑩ ４ ＋ ４

３ たしざんを して，おなじ こたえの しきを ———で つなぎましょう。

① **5＋1**　　② **2＋2**　　③ **4＋1**

あ **1＋3**　　い **2＋3**　　う **2＋4**

おしゃれの
まめちしき

白の トップスは きまわしに べんり★ かわいい
ふくにも かっこいい ふくにも あうよ！

こたえあわせを したら
白の シールを はろう！

たしざん②

月　　日

こたえ **75** ページ

1 たしざんを　しましょう。

① 6 ＋ 1 ＝ □

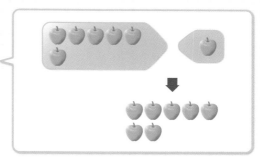

② 1 ＋ 5 ＝ □

③ 7 ＋ 1 ＝ □

④ 2 ＋ 5 ＝ □

⑤ 6 ＋ 3 ＝ □

⑥ 2 ＋ 6 ＝ □

⑦ 1 ＋ 9 ＝ □

⑧ 3 ＋ 7 ＝ □

⑨ 5 ＋ 5 ＝ □

⑩ 8 ＋ 2 ＝ □

こたえが　10に　なる
たしざんも　あるよ。

① 6 ＋ 2

わからない ときは,
「いくつと いくつ」を
おもい出して!

② 1 ＋ 8

③ 7 ＋ 2

④ 6 ＋ 4　　　　　⑤ 1 ＋ 6

⑥ 2 ＋ 8　　　　　⑦ 4 ＋ 5

⑧ 4 ＋ 6　　　　　⑨ 3 ＋ 6

3 たしざんを して, おなじ こたえの しきを ──で
つなぎましょう。

① 1＋7　　② 7＋3　　③ 2＋7

あ 8＋1　　い 9＋1　　う 3＋5

おしゃれの
まめちしき

つりひもと むねあてが ついた スカートを,
サロペットスカートと いうよ。

こたえあわせを したら
🌟の シールを はろう!

たしざんの　れんしゅう

1 たしざんを　しましょう。

① 1 ＋ 2　　　　② 5 ＋ 1

③ 3 ＋ 2　　　　④ 1 ＋ 6

⑤ 5 ＋ 3　　　　⑥ 3 ＋ 4

⑦ 9 ＋ 1　　　　⑧ 1 ＋ 7

⑨ 5 ＋ 5　　　　⑩ 2 ＋ 8

2 まん中の　かずに　まわりの　かずを　たしましょう。

2+1の　こたえを　かきます。

①

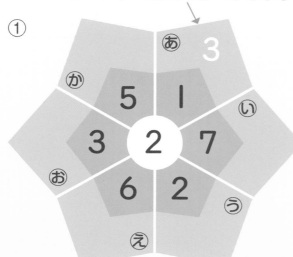

②

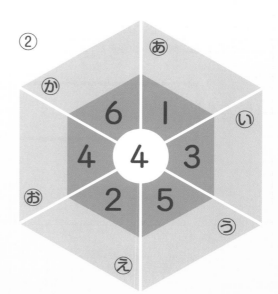

3 小さな ヘアピンが 5こ,
大きな ヘアピンが 2こ
あります。ヘアピンは
ぜんぶで なんこ ありますか。

(しき)

こたえ ☐ こ

4 ながい リボンが 3本, みじかい リボンが 6本
あります。リボンは ぜんぶで なん本 ありますか。

(しき)

こたえ ☐ 本

5 キララさんは カードを 7まい もって います。
ピーチさんから 3まい もらいました。
カードは ぜんぶで なんまいに なりましたか。

(しき)

こたえ ☐ まい

おしゃれの まめちしき ふわふわな そざいの バッグを もつと, かわいい ふんいきや, ふゆっぽい ふんいきに なるよ!

こたえあわせを したら 1このシールを はろう!

ひきざんの　しき

こたえ **75** ページ

月　　日

1 のこりは　いくつですか。ひきざんの　しきに
かきましょう。

①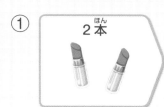

2本

1本
あげると

（しき）

2 ― 1 =

2から　1を　とると, のこりは　1

②

3こ

2こ
たべると

（しき）

 ― =

2 🧁の　ほうが　いくつ　おおいですか。
ひきざんの　しきに　かきましょう。

おおい

（しき）

4 ― 2 =

4と　2の　かずの　ちがいは　2

3 かずの　ちがいは　いくつですか。
ひきざんの　しきに　かきましょう。

ちがい

（しき）

 ― =

4 のこりは　いくつですか。
ひきざんの　しきに　かきましょう。

①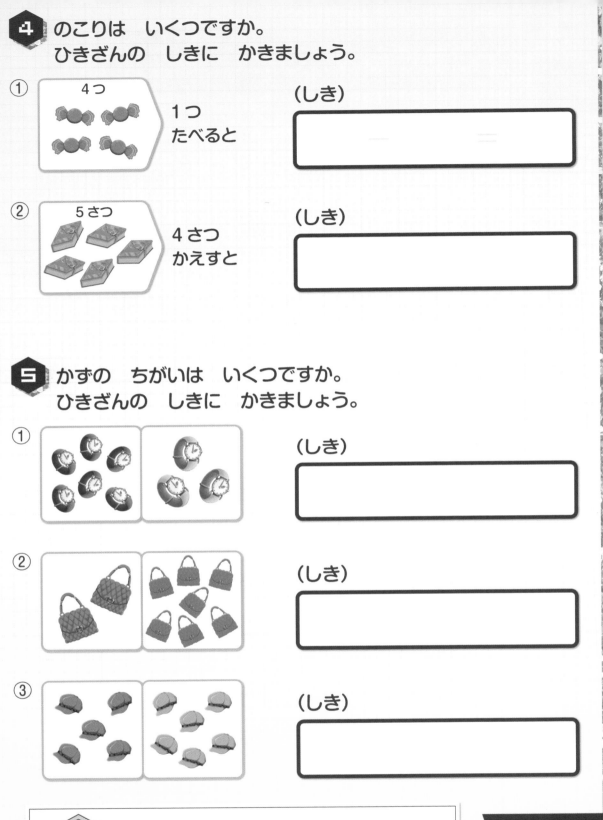
4つ　1つ　たべると

（しき）

② 5さつ　4さつ　かえすと

（しき）

5 かずの　ちがいは　いくつですか。
ひきざんの　しきに　かきましょう。

①

（しき）

②

（しき）

③

（しき）

おしゃれの まめちしき　みつあみヘアは，かわいさアップ！　いろいろな
アレンジが　できるから　おすすめだよ♡

こたえあわせを　したら
★11の　シールを　はろう！

ひきざん①

1 ひきざんを　しましょう。

① 5 － 1 = □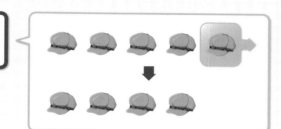

② 4 － 3 = □

③ 5 － 4 = □

④ 6 － 1 = □

⑤ 4 － 2 = □

⑥ 5 － 3 = □

⑦ 8 － 1 = □

⑧ 7 － 2 = □

★の えを 見て
かんがえて！

⑨ 6 － 4 = □

2 ひきざんを しましょう。

＝も わすれずに かいてね。

① 2 － 1

② 5 － 2

③ 6 － 2   ④ 7 － 1

⑤ 3 － 2   ⑥ 8 － 3

⑦ 6 － 5   ⑧ 7 － 4

⑨ 8 － 2   ⑩ 8 － 5

3 ひきざんを して，おなじ こたえの しきを ^{せん}———で つなぎましょう。

① **6－3**   ② **3－1**   ③ **8－4**

あ **7－5**   い **7－3**   う **4－1**

おしゃれの まめちしき　ベレーぼうは ガーリーな ふくと あいしょう バツグン♪ まえがみを しまっても すてき★

こたえあわせを したら 12の シールを はろう！

ひきざん②

1　ひきざんを　しましょう。

① $8 - 3 =$ ☐

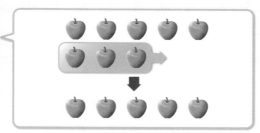

② $9 - 4 =$ ☐

③ $8 - 7 =$ ☐

④ $9 - 1 =$ ☐

⑤ $9 - 8 =$ ☐

⑥ $9 - 6 =$ ☐

⑦ $10 - 5 =$ ☐

⑧ $10 - 9 =$ ☐

⑨ $10 - 8 =$ ☐

8, 9, 10 は
いくつと　いくつに
わけられたか
おもい出そう。

2 ひきざんを しましょう。

あたまの 中で かずを かんがえて ひきざんしよう。

① 8 − 5

② 9 − 5

③ 10 − 2　　　　④ 8 − 6

⑤ 10 − 1　　　　⑥ 9 − 2

⑦ 7 − 6　　　　⑧ 10 − 7

⑨ 9 − 7　　　　⑩ 8 − 2

3 ひきざんを して, おなじ こたえの しきを ――で つなぎましょう。

① 10−6　　② 8−1　　③ 10−4

あ 9−3　　い 10−3　　う 8−4

おしゃれの まめちしき　ブレスレットとは, うでに つける アクセサリーの こと。ほそい ものは かさねづけすると◎

こたえあわせを したら 13の シールを はろう!

ひきざんの　れんしゅう

1 ひきざんを　しましょう。

① 4 − 3　　　　② 5 − 3

③ 7 − 1　　　　④ 9 − 4

⑤ 6 − 4　　　　⑥ 10 − 8

⑦ 7 − 4　　　　⑧ 8 − 2

⑨ 9 − 6　　　　⑩ 10 − 3

2 まん中の　かずから　まわりの　かずを　ひきましょう。

8−7の　こたえを　かきます。

①
あ
ー
か　6　7　い
3　8　5
お　4　1
え　　う

②
あ
か　2　5　い
6　10　9
お　1　7
え　　う

3 マニキュアが 3本, リップが 7本 あります。
リップは, マニキュアより なん本 おおいですか。

(しき)

こたえ ▢ 本

4 シールが 9まい あります。7まい つかいました。
のこりは なんまいに なりましたか。

(しき)

こたえ ▢ まい

5 キララさんは プリンを 10こ つくりました。
ピーチさんに 4こ あげました。
のこりは なんこですか。

(しき)

こたえ ▢ こ

おしゃれの まめちしき　ぬので おおわれた ヘアゴムの ことを シュシュ と いうよ。うでに つけても かわいいよ♡

こたえあわせを したら 14の シールを はろう!

0の けいさん

月　日

こたえ 76 ページ

1 0の たしざんを しましょう。

① 2 + 0 = ☐

② 0 + 3 = ☐

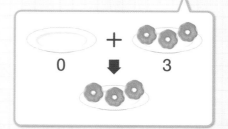

③ 5 + 0 = ☐

④ 1 + 0 = ☐

⑤ 9 + 0 = ☐

⑥ 7 + 0 = ☐

⑦ 0 + 4 = ☐

⑧ 0 + 6 = ☐

⑨ 0 + 8 = ☐

0は
ひとつも
ないと いう
ことだから…。

⑩ 0 + 0 = ☐

2 0の ひきざんを しましょう。

① 1 − 0 = ☐

② 2 − 2 = ☐

1 と 0
かずの ちがいは

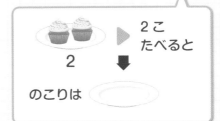
2 ▶ 2こ たべると
のこりは

③ 5 − 0 = ☐

④ 8 − 0 = ☐

⑤ 2 − 0 = ☐

⑥ 6 − 0 = ☐

⑦ 4 − 4 = ☐

⑧ 9 − 9 = ☐

⑨ 7 − 7 = ☐

おなじ かずの
ひきざんの
こたえは,
どれも…。

⑩ 0 − 0 = ☐

おしゃれの
まめちしき

たかい いちで ポニーテールを すると,
あかるくて げんきな いんしょうに なるよ★

こたえあわせを したら
15の シールを はろう！

20までの かず

1 ⭐の かずを すう字で かきましょう。

①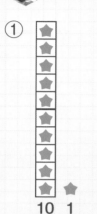
10　1

②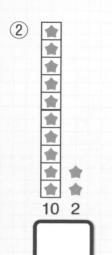
10　2

③
10　3

④
10　4

⑤
10　5

⑥
10　6

⑦
10　7

⑧
10　8

⑨
10　9

⑩
10　10

10より 大きい かずも かぞえられたね♪

43

2 かずを すう字で かきましょう。

①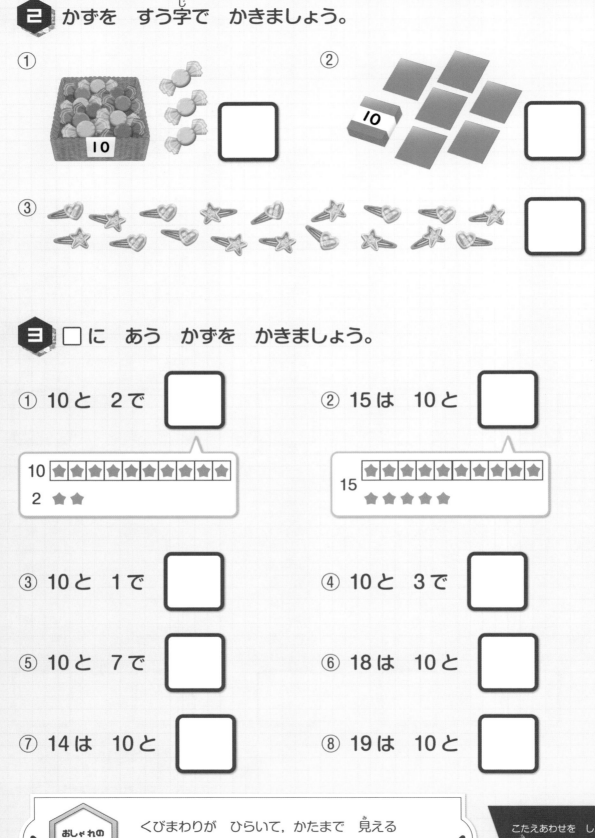

②

③

3 □に あう かずを かきましょう。

① 10と 2で □

10 ★★★★★★★★★★
2 ★★

② 15は 10と □

15 ★★★★★★★★★★
★★★★★

③ 10と 1で □

④ 10と 3で □

⑤ 10と 7で □

⑥ 18は 10と □

⑦ 14は 10と □

⑧ 19は 10と □

おしゃれの
まめちしき

くびまわりが ひらいて, かたまで 見える
トップスの ことを オフショルダーと いうよ!

こたえあわせを したら
1日の シールを はろう!

20までの かずの けいさん

1 けいさんを しましょう。

① 10 + 2 = □

10 ★★★★★★★★★★
2 ★★

② 11 − 1 = □

11 ★★★★★★★★★★
★ 1

③ 10 + 8 = □

④ 17 − 7 = □

2 けいさんを しましょう。

① 10 + 3

② 10 + 7

③ 10 + 5

④ 15 − 5

⑤ 13 − 3

⑥ 19 − 9

3 □に あう かずを かきましょう。

① 10 + □ = 14

② 16 − □ = 10

4 けいさんを しましょう。

① 13 + 2 = □

② 15 - 3 = □

13 ★★★★★★★★★★ | ★★★ → ★★ 2

15 ★★★★★★★★★ | ★★ ★★★ → 3

③ 11 + 6 = □

④ 17 - 2 = □

5 けいさんを しましょう。

① 12 + 3

② 11 + 2

③ 15 + 3

④ 13 + 6

⑤ 13 - 2

⑥ 16 - 4

⑦ 17 - 3

⑧ 18 - 2

ばらの かずを
けいさんすれば
こたえが わかるね。

おしゃれの
まめちしき
ロングスカートは, たけが ながい スカートの
こと。おとなっぽい いんしょうに なるよ。

こたえあわせを したら
⭐ の シールを はろう！

3つの　かずの　けいさん①

月　　日
こたえ **77** ページ

1 けいさんを　しましょう。

① $4 + 1 + 3 =$

もらう
4+1

もらう
4+1+3
→5

② $3 + 2 + 1 =$

③ $2 + 5 + 3 =$

④ $3 + 3 + 2 =$

⑤ $5 + 5 + 4 =$

⑥ $6 + 4 + 2 =$

左から
じゅんに
たして　いけば
できるね。

⑦ $9 + 1 + 6 =$

2 けいさんを しましょう。

① 6 − 1 − 2 = ☐

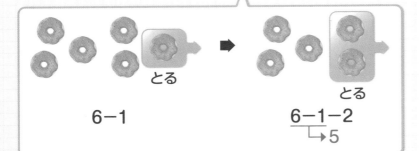

6−1   6−1−2
         └→5

② 8 − 2 − 2 = ☐

③ 9 − 5 − 2 = ☐

④ 10 − 3 − 4 = ☐

⑤ 14 − 4 − 1 = ☐

⑥ 12 − 2 − 5 = ☐

⑦ 17 − 7 − 8 = ☐

左から
じゅんに
ひいて いけば
いいね！

おしゃれの まめちしき ブーツとは，くるぶしより ながい たけで，足を しっかり おおう くつの ことを いうよ。

こたえあわせを したら
1日の シールを はろう！

48

3つの かずの けいさん②

1 けいさんを しましょう。

① $5 - 2 + 1 = \boxed{}$

とる
5－2

もらう
5－2＋1
→3

② $6 - 3 + 4 = \boxed{}$

③ $9 - 7 + 6 = \boxed{}$

④ $7 - 3 + 2 = \boxed{}$

⑤ $10 - 4 + 3 = \boxed{}$

⑥ $10 - 6 + 4 = \boxed{}$

ひいて たす ときも
左から じゅんに
けいさんするんだね！

⑦ $10 - 9 + 5 = \boxed{}$

② けいさんを しましょう。

① $2 + 4 - 1 = \boxed{}$

もらう
2+4

とる
2+4−1
→6

② $1 + 7 - 4 = \boxed{}$

③ $5 + 2 - 6 = \boxed{}$

④ $6 + 3 - 2 = \boxed{}$

⑤ $9 + 1 - 5 = \boxed{}$

⑥ $8 + 2 - 7 = \boxed{}$

⑦ $3 + 7 - 1 = \boxed{}$

たして ひく ときも
左から じゅんに
けいさんすれば
いいですね!

おしゃれの まめちしき まえがみは, かおの いんしょうを きめる パーツ!
じぶんに にあう かたちを 見つけよう♪

こたえあわせを したら
1日の シールを はろう!

くりあがりの ある たしざん①

1 9+3の けいさんを します。□に あう かずを かきましょう。

9 ★★★★★★★★★□

3 ★ ★ ★

❶ 3を 1と [　　] に わける。

❷ 9に [　　] を たして 10。

❸ 10に のこりの [　　] を たして [　　]。

2 たしざんを しましょう。

① 7 + 5 = [　　]

② 8 + 5 = [　　]

③ 9 + 2 = [　　]

④ 9 + 4 = [　　]

三 たしざんを しましょう。

10を つくって
けいさんしよう！

① 8 ＋ 3

② 8 ＋ 7

③ 7 ＋ 4　　　　　④ 6 ＋ 5

⑤ 9 ＋ 6　　　　　⑥ 7 ＋ 7

⑦ 8 ＋ 4　　　　　⑧ 9 ＋ 8

⑨ 8 ＋ 8　　　　　⑩ 9 ＋ 7

四 こたえが 14に なる たしざんを 2つ 見つけて、
◯で かこみましょう。

㋐ 8＋5	㋑ 9＋5	㋒ 9＋4
㋓ 8＋6	㋔ 7＋6	㋕ 6＋6

おしゃれの
まめちしき

クールとは、かっこいい スタイルの こと。くろを
おおめに つかうと かっこよく まとまるよ！

こたえあわせを したら
◯の シールを はろう！

くりあがりの ある たしざん②

1 3＋8の けいさんを します。□に あう かずを かきましょう。

3を 1と 2に わけて, 8に 2を たしても 10が つくれるね。

❶ 8を 7と □ に わける。

❷ 3に □ を たして 10。

❸ 10に のこりの □ を たして □ 。

2 たしざんを しましょう。

① 2 ＋ 9 ＝ □

② 4 ＋ 7 ＝ □

③ 5 ＋ 8 ＝ □

④ 3 ＋ 9 ＝ □

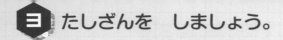

3 たしざんを しましょう。

どちらの かずで
10を つくっても
いいね♪

① 5 ＋ 7

② 4 ＋ 9

③ 7 ＋ 9　　　　④ 7 ＋ 8

⑤ 5 ＋ 9　　　　⑥ 6 ＋ 7

⑦ 6 ＋ 8　　　　⑧ 6 ＋ 9

⑨ 8 ＋ 9　　　　⑩ 9 ＋ 9

4 こたえが 11に なる たしざんを 3つ 見つけて，◯で かこみましょう。

あ 4＋8　　　い 5＋6　　　う 6＋6

え 4＋7　　　お 3＋9　　　か 2＋9

おしゃれの まめちしき

たての しまもようの ことを ストライプと
いうよ。スタイルが よく 見えやすいよ♪

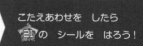
こたえあわせを したら
21の シールを はろう!

54

くりあがりの　ある　たしざんの　れんしゅう

1 たしざんを　しましょう。

① $9 + 2$　　　② $6 + 9$

③ $7 + 5$　　　④ $6 + 7$

⑤ $8 + 6$　　　⑥ $6 + 6$

⑦ $3 + 9$　　　⑧ $7 + 4$

⑨ $9 + 8$　　　⑩ $8 + 8$

2 こたえが　13に　なる　たしざんを　3つ　見つけて，
　　◯で　かこみましょう。

あ $5+7$　　　い $3+8$　　　う $8+5$

え $4+8$　　　お $5+9$　　　か $6+5$

き $7+6$　　　く $2+9$　　　け $4+9$

3 たしざんを しましょう。

10を つくって のこりを たすよ。

① 8 ＋ 3

② 8 ＋ 9

③ 5 ＋ 6　　　　　　④ 9 ＋ 3

⑤ 7 ＋ 9　　　　　　⑥ 9 ＋ 5

⑦ 8 ＋ 4　　　　　　⑧ 4 ＋ 7

⑨ 9 ＋ 9　　　　　　⑩ 7 ＋ 8

4 たしざんを して，おなじ こたえの しきを ——せんで
つなぎましょう。

① $7+7$　　② $5+8$　　③ $9+6$

・　　　　　・　　　　　・

・　　　　　・　　　　　・

あ $9+4$　　い $6+8$　　う $8+7$

おしゃれの まめちしき
ノースリーブに シャツを くみあわせると，
おとなっぽい いんしょうに なるよ！

こたえあわせを したら
己の シールを はろう！

56

くりさがりの ある ひきざん①

こたえ 70 ページ

月　　日

1 12−9の けいさんを します。
□に あう かずを かきましょう。

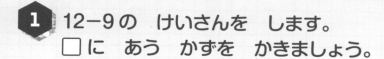

❶ 12を □ と 2に わけます。

❷ 10から □ を ひいて 1。

❸ 1と のこりの □ で □ 。

2 ひきざんを しましょう。

① 13 − 8 = □

② 11 − 7 = □

③ 12 − 7 = □

④ 13 − 9 = □

57

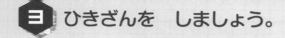 **ひきざんを　しましょう。**

10から　ひいて
けいさんしてね。

① 11 － 9

② 12 － 8

③ 11 － 6   ④ 15 － 7

⑤ 14 － 9   ⑥ 11 － 8

⑦ 13 － 6   ⑧ 14 － 8

⑨ 17 － 9   ⑩ 18 － 9

4 **こたえが　6に　なる　ひきざんを　2つ　見つけて，**
◯で　かこみましょう。

あ 13－7   い 17－8   う 14－7

え 16－9   お 15－8   か 15－9

**おしゃれの
まめちしき**
おふろの　あと，かみを　ドライヤーで　しっかり
かわかすと，つぎの　日も　まとまりやすいよ♡

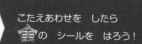
こたえあわせを　したら
3の　シールを　はろう！

くりさがりの ある ひきざん②

1 11−4の けいさんを します。
□に あう かずを かきましょう。

❶ 4を 1と [　　] に わけます。

> 10から 4を ひいて けいさんしても いいよ！

❷ 11から 1を ひいて [　　]。

❸ 10から [　　] を ひいて [　　]。

2 ひきざんを しましょう。

① 12 − 3 = [　　]

② 11 − 2 = [　　]

③ 12 − 4 = [　　]

④ 13 − 5 = [　　]

③ ひきざんを しましょう。

①は 5を どう わけて ひこうかな？

① 11 − 5

② 14 − 5

③ 11 − 3   ④ 12 − 5

⑤ 15 − 6   ⑥ 15 − 7

⑦ 16 − 8   ⑧ 17 − 8

⑨ 13 − 6   ⑩ 18 − 9

④ こたえが 9に なる ひきざんを 2つ 見つけて, ◯で かこみましょう。

あ 14−6   い 15−8   う 16−7

え 13−4   お 14−7   か 17−9

おしゃれの まめちしき

しゃしんなどを とる ときは，ふくに あわせて ひょうじょうや ポーズを かえて みよう！

こたえあわせを したら ☆の シールを はろう！

60

くりさがりの ある ひきざんの れんしゅう

月　　日

こたえ **79** ページ

1 ひきざんを しましょう。

① 11 − 3

② 13 − 7

③ 14 − 6

④ 12 − 7

⑤ 11 − 8

⑥ 11 − 4

⑦ 17 − 8

⑧ 15 − 6

⑨ 16 − 8

⑩ 18 − 9

2 こたえが 7に なる ひきざんを 3つ 見つけて,
　　◯で かこみましょう。

あ 13−6

い 15−9

う 12−6

え 17−9

お 13−5

か 16−9

き 11−2

く 14−7

け 12−3

■ ひきざんを　しましょう。

① 12 − 9

①は　10から　9を
ひいて，それから
どう　しますか？

② 16 − 7

③ 12 − 8 　　　　④ 13 − 4

⑤ 11 − 6 　　　　⑥ 14 − 5

⑦ 13 − 9 　　　　⑧ 11 − 9

⑨ 15 − 7 　　　　⑩ 12 − 4

4 ひきざんを　して，おなじ　こたえの　しきを
せん で　つなぎましょう。

① 14−9 　　② 14−8 　　③ 12−5

あ 15−8 　　い 11−5 　　う 13−8

おしゃれの
まめちしき

キャップとは，まえに　つばが　ついて　いる
ぼうしの　こと。どんな　コーデにも　あうよ★

こたえあわせを　したら
🏠の　シールを　はろう！

62

大きい かず

1  ★の かずを すう字で かきましょう。

①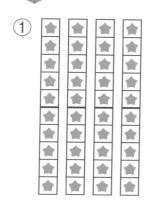

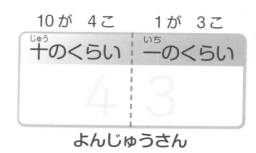

10が 4こ　　1が 3こ

十のくらい （じゅう）	一のくらい （いち）
4	3

よんじゅうさん

②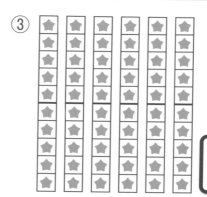

③

2 かずを すう字で かきましょう。

①

②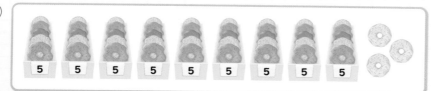

❸ □に あう かずを かきましょう。

① 52 は、□ と 2を あわせた
かずです。

② 52 は、10を □ こと、

1を □ こ あわせた かずです。

52

③ 10が 3こと 1が 4こで □

④ 98 は、10が □ こと 1が □ こ

⑤ 十のくらいが 8、一のくらいが 7の かずは □

⑥ 10が 10こで □

なん十いくつは、
2つの すう字で
かくんだね。

⑦ 100は、99より □ 大きい かず

なん十の　たしざん

1 たしざんを　しましょう。

① 30 + 20 = ☐

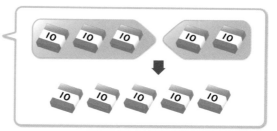

10の　まとまりが、
3+2=5で、5こ　あるね。

② 10 + 40 = ☐

③ 30 + 10 = ☐

④ 60 + 20 = ☐

⑤ 20 + 40 = ☐

⑥ 50 + 30 = ☐

⑦ 70 + 10 = ☐

⑧ 30 + 60 = ☐

⑨ 50 + 50 = ☐

2 たしざんを しましょう。

① 50 + 10　　② 20 + 20

③ 50 + 20　　④ 10 + 70

⑤ 30 + 30　　⑥ 10 + 60

⑦ 70 + 20　　⑧ 80 + 20

⑨ 40 + 30　　⑩ 20 + 50

⑪ 40 + 60　　⑫ 70 + 30

3 こたえが 80に なる たしざんを 2つ 見つけて、
◯で かこみましょう。

あ 50+40　　い 10+80　　う 40+40

え 20+60　　お 60+10　　か 30+40

おしゃれの まめちしき　ウエストから スカートが まっすぐ ひろがる
ドレスの ことを、Aラインドレスと いうよ♡

こたえあわせを したら
2の シールを はろう！

なん十の　ひきざん

1 ひきざんを　しましょう。

① 40 − 20 = ⬜

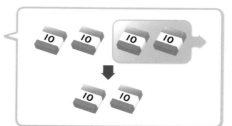

10の　まとまりが、
4−2=2で、2こ　あるね。

② 50 − 30 = ⬜

③ 40 − 30 = ⬜

④ 80 − 50 = ⬜

⑤ 60 − 40 = ⬜

⑥ 90 − 60 = ⬜

⑦ 70 − 10 = ⬜

⑧ 100 − 50 = ⬜

⑨ 100 − 40 = ⬜

 ひきざんを しましょう。

① 50 − 40　　② 80 − 10

③ 70 − 20　　④ 90 − 50

⑤ 60 − 50　　⑥ 70 − 60

⑦ 60 − 30　　⑧ 90 − 70

⑨ 60 − 20　　⑩ 80 − 20

⑪ 100 − 80　　⑫ 100 − 30

三 こたえが 40に なる ひきざんを 2つ 見つけて、
〇で かこみましょう。

ⓐ 80−40　　ⓘ 50−20　　ⓤ 60−10

ⓔ 90−40　　ⓞ 100−70　　ⓚ 70−30

おしゃれの
まめちしき

ネックレスとは、くびに つける アクセサリー。
チャームが つくと、ペンダントと いうよ。

こたえあわせを したら
🎀の シールを はろう!

100までの かずの たしざん・ひきざん

1 たしざんを しましょう。

① 30 + 5 = [　　]

② 51 + 3 = [　　]

③ 42 + 3 = [　　]

④ 83 + 6 = [　　]

⑤ 21 + 7 = [　　]

⑥ 94 + 4 = [　　]

2 ひきざんを しましょう。

① 32 − 2 = [　　]

② 65 − 2 = [　　]

③ 36 − 5 = [　　]

④ 45 − 3 = [　　]

⑤ 57 − 4 = [　　]

⑥ 84 − 1 = [　　]

3 けいさんを しましょう。

① 56 ＋ 1

② 30 ＋ 7

③ 64 ＋ 5

④ 47 ＋ 2

⑤ 23 ＋ 4

⑥ 85 ＋ 3

⑦ 49 － 7

⑧ 53 － 2

⑨ 21 － 1

⑩ 98 － 6

⑪ 67 － 5

⑫ 76 － 3

4 こたえが 76に なる けいさんを 2つ 見つけて、
　　〇で かこみましょう。

あ 65＋1

い 72＋4

う 74＋3

え 68－2

お 79－3

か 78－4

おしゃれの
まめちしき
かみを さらさらに する ためには ブラッシング
が たいせつ！ くしで ていねいに とかそう♪

こたえあわせを したら
🏠の シールを はろう！

70

まとめテスト

1 □に あう かずを かきましょう。

① 10と 4で □

② 10が 8こと 1が 9こで □

③ 95は, 10が □こと 1が □こ

④ 10が 10こで □

2 けいさんを しましょう。

① 4 ＋ 5　　② 7 － 1

③ 8 ＋ 2　　④ 10 － 9

⑤ 10 ＋ 1　　⑥ 16 － 6

⑦ 15 ＋ 2　　⑧ 19 － 6

⑨ 3 ＋ 4 ＋ 3　　⑩ 15 － 5 － 8

⑪ 8 ＋ 2 － 5　　⑫ 10 － 7 ＋ 6

目 けいさんを しましょう。

① 7 ＋ 9

② 6 ＋ 5

③ 8 ＋ 6

④ 9 ＋ 4

⑤ 4 ＋ 8

⑥ 15 － 8

⑦ 12 － 4

⑧ 11 － 6

⑨ 13 － 7

⑩ 14 － 9

けいさんの しかたを
おもい出しましょう♪

4 けいさんを しましょう。

① 20 ＋ 70

② 60 ＋ 40

③ 80 － 60

④ 100 － 10

⑤ 50 ＋ 2

⑥ 72 ＋ 7

⑦ 46 － 6

⑧ 89 － 3

おしゃれの まめちしき
ドレスを きるときは, キラキラ かがやく
アクセサリーを つけるのが おすすめだよ♡

こたえあわせを したら
目4の シールを はろう！

こたえとアドバイス

1 5までの かず　**13**ページ

1 省略

2
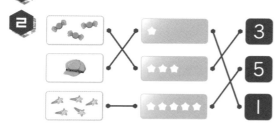

3 ①3　②2　③1　④4
　　⑤5

> アドバイス　数字を書くときは,書き
> 出す位置や向きを正しく覚えさせま
> す。「4,5」は筆順に注意するよう
> に,声をかけてください。

2 10までの かず　**15**ページ

1 省略

2
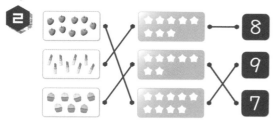

3 ①8　②6　③10　④7
　　⑤9

> アドバイス　数をかぞえるときは,同
> じものを2度かぞえたり,かぞえ忘
> れたりしないように,鉛筆で印をつ
> けさせるとよいでしょう。

3 10までの かずの
　　れんしゅう　**17**ページ

1 ⓘに○

2 ①4　②8　③3　④5
　　⑤6　⑥9

3

4 ①3,5　　②7,10

5 ①7に○　　②8に○
　　③9に○　　④10に○

> アドバイス　**5**を間違えたときは,
> 数字の数だけ○印などを書かせてそ
> の数を比べさせましょう。

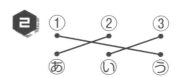
4 いくつと いくつ①　**19**ページ

1 (上から順に)
　①4,3,2,1
　②5,4,3,2,1
　③6,5,4,3,2,1

2
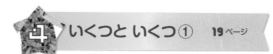

3 ①3　②4　③2　④1
　　⑤4　⑥3　⑦2　⑧5
　　⑨3

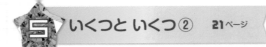

5 いくつと いくつ② 21ページ

1 (順に)
① 7, 6
5, 4
3, 2
1
② 8, 7
6, 5
4, 3
2, 1

2 ① 3 ② 6

3 ① 3 ② 8

4 ① 1 ② 4 ③ 5 ④ 2
⑤ 1 ⑥ 2 ⑦ 5

6 いくつと いくつ③ 23ページ

1 (順に)
9, 8
7, 6
5, 4
3, 2
1

2 ① 5 ② 2 ③ 3 ④ 6

3 ① 8 ② 1 ③ 5 ④ 4
⑤ 7 ⑥ 2 ⑦ 9 ⑧ 3
⑨ 6

4 ① 1 ② 4 ③ 7

7 たしざんの しき 25ページ

1 ① 2+1=3 ② 3+1=4

2 ① 5+1=6 ② 4+3=7

3 ① 1+3=4 ② 5+2=7
③ 3+3=6

4 ① 2+4=6 ② 3+6=9
③ 4+4=8

アドバイス **1**, **3** のような「あわせていくつ」の問題では, 式はふつう, 問題の絵にあわせて,「左の数＋右の数」と書きます。

2, **4** のような「ふえるといくつ」の場合, 式は「はじめの数＋増えた数」となるように書きます。

8 たしざん① 27ページ

1 ① 5 ② 2 ③ 6 ④ 4
⑤ 5 ⑥ 7 ⑦ 3 ⑧ 9
⑨ 8

2 ① 3 ② 6 ③ 6 ④ 7
⑤ 8 ⑥ 8 ⑦ 7 ⑧ 9
⑨ 7 ⑩ 8

3
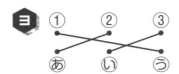

アドバイス **2** 計算を間違えたときは, おはじきなどを使って正しい答えを求めさせましょう。

3 近くに答えを書かせてから, 同じ答えを見つけさせましょう。
答えは下のようになります。
① 6 ② 4 ③ 5
あ 4 い 5 う 6

⑨ たしざん②　29ページ

1　①7　②6　③8　④7
　　⑤9　⑥8　⑦10　⑧10
　　⑨10　⑩10

2　①8　②9　③9　④10
　　⑤7　⑥10　⑦9　⑧10
　　⑨9

3

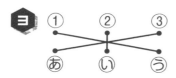

アドバイス　**3**　①8　②10　③9
　　あ9　い10　う8

⑩ たしざんの れんしゅう　31ページ

1　①3　②6　③5　④7
　　⑤8　⑥7　⑦10　⑧8
　　⑨10　⑩10

2　①あ3　い9　う4　え8
　　　お5　か7
　　②あ5　い7　う9　え6
　　　お8　か10

3　（しき）5+2=7
　　　　　　　　　こたえ　7こ

4　（しき）3+6=9
　　　　　　　　　こたえ　9本

5　（しき）7+3=10
　　　　　　　　　こたえ　10まい

アドバイス　**3**，**4**，**5**の文章題
は，次のような手順で進めます。
[1]　問題文の場面を正しく理解します。
　　　3，**4**は「あわせていくつ」，
5は「ふえるといくつ」の場面
のたし算です。
[2]　「5+2」のように式を書き，
　　計算をして「=7」を書きます。
[3]　最後に答えを書きます。

⑪ ひきざんの しき　33ページ

1　①2−1=1　②3−2=1

2　4−2=2

3　5−3=2

4　①4−1=3　②5−4=1

5　①6−3=3　②7−2=5
　　③6−5=1

アドバイス　場面を正しく理解しま
す。小さい数から大きい数をひく式
を立てていたら，おはじきなどを使っ
てひけないことを説明するとよいです。

⑫ ひきざん①　35ページ

1　①4　②1　③1　④5
　　⑤2　⑥2　⑦7　⑧5
　　⑨2

2　①1　②3　③4　④6
　　⑤1　⑥5　⑦1　⑧3
　　⑨6　⑩3

3

アドバイス　**3**　①3　②2　③4
　　あ2　い4　う3

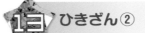 **13 ひきざん②** 37ページ

37ページ

1 ①5 ②5 ③1 ④8
⑤1 ⑥3 ⑦5 ⑧1
⑨2

2 ①3 ②4 ③8 ④2
⑤9 ⑥7 ⑦1 ⑧3
⑨2 ⑩6

3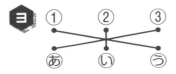
① ② ③
あ い う

アドバイス **3** ①4 ②7 ③6
あ6 い7 う4

---

14 ひきざんの れんしゅう 39ページ

1 ①1 ②2 ③6 ④5
⑤2 ⑥2 ⑦3 ⑧6
⑨3 ⑩7

2 ①あ1 い3 う7 え4
お5 か2
②あ5 い1 う3 え9
お4 か8

3 (しき) 7−3=4
こたえ 4本

4 (しき) 9−7=2
こたえ 2まい

5 (しき) 10−4=6
こたえ 6こ

アドバイス **3** は「ちがいはいくつ」，
4，**5** は「のこりはいくつ」の場面
のひき算です。

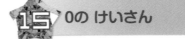 **15 0の けいさん** 41ページ

1 ①2 ②3 ③5 ④1
⑤9 ⑥7 ⑦4 ⑧6
⑨8 ⑩0

2 ①1 ②0 ③5 ④8
⑤2 ⑥6 ⑦0 ⑧0
⑨0 ⑩0

---

16 20までの かず 43ページ

1 ①11 ②12 ③13 ④14
⑤15 ⑥16 ⑦17 ⑧18
⑨19 ⑩20

2 ①13 ②16 ③18

3 ①12 ②5 ③11 ④13
⑤17 ⑥8 ⑦4 ⑧9

---

17 20までの かずの けいさん 45ページ

1 ①12 ②10 ③18 ④10

2 ①13 ②17 ③15 ④10
⑤10 ⑥10

3 ①4 ②6

4 ①15 ②12 ③17 ④15

5 ①15 ②13 ③18 ④19
⑤11 ⑥12 ⑦14 ⑧16

アドバイス **4** ①13+2の場合
❶13は10と3
❷3+2=5
❸10と5で15

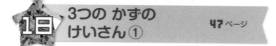

1 ①8 ②6 ③10 ④8
⑤14 ⑥12 ⑦16

2 ①3 ②4 ③2 ④3
⑤9 ⑥5 ⑦2

アドバイス 続けてたすときも，続け
てひくときも，左から順に計算します。

1 ①4+1+3=5+3=8

⑤5+5+4=10+4=14

2 ①6−1−2=5−2=3

⑤14−4−1=10−1=9

1 の⑤〜⑦と **2** の⑤〜⑦は，20
までの数の計算がふくまれています。
間違えた場合は，もどって復習させ
ましょう。

19 3つの かずの
けいさん② **49**ページ

1 ①4 ②7 ③8 ④6
⑤9 ⑥8 ⑦6

2 ①5 ②4 ③1 ④7
⑤5 ⑥3 ⑦9

アドバイス ひいてたすときも，たし
てひくときも，左から順に計算しま
す。

1 ①5−2+1=3+1=4

⑤10−4+3=6+3=9

2 ①2+4−1=6−1=5

⑤9+1−5=10−5=5

1 の⑤〜⑦は，はじめのひき算が
10からひく計算です。 **2** の⑤〜⑦
は，はじめのたし算が10になる計算
です。

　計算に慣れるまでは，はじめの2
つの数の計算の答えを小さく書いて
おくといいでしょう。

20 くりあがりの ある
たしざん① **51**ページ

1 ❶2 ❷1 ❸2, 12

2 ①12 ②13 ③11 ④13

3 ①11 ②15 ③11 ④11
⑤15 ⑥14 ⑦12 ⑧17
⑨16 ⑩16

4 ⑪, ⑫を◯でかこむ。

アドバイス たされる数で10をつ
くって計算します。

3 ①8+3のしかた
❶3を2と1にわける。
❷8に2をたして10。
❸10に残りの1をたして11。
❹答えは下のようになります。
　あ13　い14　う13
　え14　お13　か12

21 くりあがりの ある たしざん② 53ページ

1 ❶ 1 ❷ 7 ❸ 1, 11

2 ① 11 ② 11 ③ 13 ④ 12

3 ① 12 ② 13 ③ 16 ④ 15
　 ⑤ 14 ⑥ 13 ⑦ 14 ⑧ 15
　 ⑨ 17 ⑩ 18

4 ⓘ, ⓔ, ⓚを◯でかこむ。

アドバイス　たす数のほうが10に近い場合は, たす数のほうで10をつくっても計算できます。

1 　3+8の場合
　　　∧
　　　1　2
❶ 8に2をたして10。
❷ 10に残りの1をたして11。
　お子さんの考えやすいほうで計算させましょう。

4 答えは下のようになります。
　ⓐ12 ⓘ11 ⓤ12 ⓔ11 ⓞ12 ⓚ11

22 くりあがりの ある たしざんの れんしゅう 55ページ

1 ① 11 ② 15 ③ 12 ④ 13
　 ⑤ 14 ⑥ 12 ⑦ 12 ⑧ 11
　 ⑨ 17 ⑩ 16

2 ⓤ, ⓚ, ⓘを◯でかこむ。

3 ① 11 ② 17 ③ 11 ④ 12
　 ⑤ 16 ⑥ 14 ⑦ 12 ⑧ 11
　 ⑨ 18 ⑩ 15

4 ①　　②　　③
　（線で結ぶ図）
　ⓐ　　ⓘ　　ⓤ

アドバイス　❶①9+2のしかた
❶ 2を1と1にわける。
❷ 9に1をたして10。
❸ 10に残りの1をたして11。
　たされる数とたす数のどちらで10をつくると計算しやすいかを考えさせるとよいでしょう。

2 ⓐ12 ⓘ11 ⓤ13 ⓔ12 ⓞ14
　 ⓚ11 ⓖ13 ⓦ11 ⓗ13

4 ① 14 ② 13 ③ 15
　 ⓐ 13 ⓘ 14 ⓤ 15

23 くりさがりの ある ひきざん① 57ページ

1 ❶ 10 ❷ 9 ❸ 2, 3

2 ① 5 ② 4 ③ 5 ④ 4

3 ① 2 ② 4 ③ 5 ④ 8
　 ⑤ 5 ⑥ 3 ⑦ 7 ⑧ 6
　 ⑨ 8 ⑩ 9

4 ⓐ, ⓚを◯でかこむ。

アドバイス　ひかれる数を10といくつにわけて計算します。

2 ①13-8のしかた
❶ 13を10と3にわけます。
❷ 10から8をひいて2。
❸ 2と残りの3で5。

3 ①11-9のしかた
❶ 11を10と1にわけます。
❷ 10から9をひいて1。
❸ 1と残りの1で2。

4 ⓐ6 ⓘ9 ⓤ7 ⓔ7 ⓞ7 ⓚ6

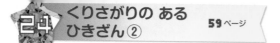

24 くりさがりの ある ひきざん② 59ページ

1 ❶3 ❷10 ❸3, 7

2 ①9 ②9 ③8 ④8

3 ①6 ②9 ③8 ④7 ⑤9 ⑥8 ⑦8 ⑧9 ⑨7 ⑩9

4 う, えを◯でかこむ。

アドバイス 「11−4」のような, ひかれる数とひく数の一の位の数が近い場合, ひかれる数を2つに分けて, 順にひいても計算できます。

1 11−4の場合
　10 1
❶10から4をひいて6。
❷6と残りの1で7。

2 ①12−3のしかた
❶3を2と1にわける。
❷12から2をひいて10。
❸10から1をひいて9。

3 ①11−5のしかた
❶5を1と4にわける。
❷11から1をひいて10。
❸10から4をひいて6。

4 答えは下のようになります。
　あ8 い7 う9 え9 お7 か8

---

25 くりさがりの ある ひきざんの れんしゅう 61ページ

1 ①8 ②6 ③8 ④5 ⑤3 ⑥7 ⑦9 ⑧9 ⑨8 ⑩9

---

2 あ, か, くを◯でかこむ。

3 ①3 ②9 ③4 ④9 ⑤5 ⑥9 ⑦4 ⑧2 ⑨8 ⑩8

4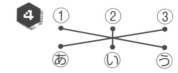

アドバイス 1 ①11−3のしかた
❶3を1と2にわける。
❷11から1をひいて10。
❸10から2をひいて8。
②13−7のしかた
❶13を10と3にわける。
❷10から7をひいて3。
❸3と残りの3で6。

それぞれ, ひく数をわけたり, ひかれる数をわけたりして計算します。

くり下がりのあるひき算でも, お子さんの考えやすいほうで計算させましょう。

2 あ7 い6 う6 え8 お8 か7 き9 く7 け9

4 ①5 ②6 ③7 あ7 い6 う5

---

26 大きい かず 63ページ

1 ①43 ②57 ③60

2 ①76 ②48

3 ①50 ②5, 2 ③34 ④9, 8 ⑤87 ⑥100 ⑦1

27 なん十の たしざん　65ページ

1
① 50　② 50　③ 40
④ 80　⑤ 60　⑥ 80
⑦ 80　⑧ 90　⑨ 100

2
① 60　② 40　③ 70　④ 80
⑤ 60　⑥ 70　⑦ 90
⑧ 100　⑨ 70　⑩ 70
⑪ 100　⑫ 100

3 う, えを◯でかこむ。

アドバイス　10を1つのまとまりと考
えて計算します。**1**⑨は，10のま
とまりが，5+5=10で，10こ。
10のまとまりが10こで，100。

3 あ90　い90　う80
え80　お70　か70

28 なん十の ひきざん　67ページ

1
① 20　② 20　③ 10
④ 30　⑤ 20　⑥ 30
⑦ 60　⑧ 50　⑨ 60

2
① 10　② 70　③ 50　④ 40
⑤ 10　⑥ 10　⑦ 30　⑧ 20
⑨ 40　⑩ 60　⑪ 20　⑫ 70

3 あ, かを◯でかこむ。

アドバイス　10を1つのまとまりと考
えて計算します。**1**⑧は，10のま
とまりが，10-5=5で，5こ。
10のまとまりが5こで，50。

3 あ40　い30　う50
え50　お30　か40

29 100までの かずの たしざん・ひきざん　69ページ

1
① 35　② 54　③ 45
④ 89　⑤ 28　⑥ 98

2
① 30　② 63　③ 31
④ 42　⑤ 53　⑥ 83

3
① 57　② 37　③ 69　④ 49
⑤ 27　⑥ 88　⑦ 42　⑧ 51
⑨ 20　⑩ 92　⑪ 62　⑫ 73

4 い, おを◯でかこむ。

アドバイス　何十といくつになるかを
考えて，計算します。

1 ② 51は50と1だから，一の位は
1+3=4，50と4で54。

2 ② 65は60と5だから，一の位は
5-2=3，60と3で63。

4 あ66　い76　う77
え66　お76　か74

30 まとめテスト　71ページ

1
① 14　② 89　③ 9, 5
④ 100

2
① 9　② 6　③ 10　④ 1
⑤ 11　⑥ 10　⑦ 17　⑧ 13
⑨ 10　⑩ 2　⑪ 5　⑫ 9

3
① 16　② 11　③ 14　④ 13
⑤ 12　⑥ 7　⑦ 8　⑧ 5
⑨ 6　⑩ 5

4
① 90　② 100　③ 20　④ 90
⑤ 52　⑥ 79　⑦ 40　⑧ 86

キラピチの中身をナイショで！

誌面といっしょに紹介するよ！

紫原夕莉乃（ゆりの）

グッズの紹介や
ニュースがもりだくさん♡

大人気キャラクターの最新情報がゲットできる★

今どきのファッション＆ヘアアレンジがわかる♡

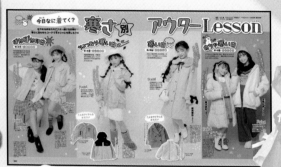

若松美咲（ミサ）

キラピチでオシャレになっちゃおう★

ちょーごうかなふろくやかわいいシールがついてくる！

奇数月
（1・3・5・7・9・11月）
15日発売

キラピチ最新号は、全国の書店やネット書店で発売中♪

大西佑奈（ユナ）

気になったコはぜひキラピチを手に入れてね★

キラピチ公式ホームページ	YouTube	Instagram
https://kirapichi.net/	@user-ty5ei5bo3p	kirapichi

日々更新中★公式ホームページやSNSも要チェックだよ！